GEROLF STEINER

Wort-Elemente
der wichtigsten zoologischen
Fachausdrücke

gustav fischer
taschenbücher

Wort-Elemente der wichtigsten zoologischen Fachausdrücke

Eine Gedächtnisstütze für Biologen und Mediziner

Gerolf Steiner

6. Auflage

Gustav Fischer Verlag · Stuttgart · 1980

Anschrift des Verfassers:

Professor Dr. Gerolf Steiner
Schwarzwaldhochstraße 10
7560 Gaggenau-Freiolsheim

CIP-Kurztitelaufnahme der Deutschen Bibliothek

Steiner, Gerolf:
Wort-Elemente der wichtigsten zoologischen Fachausdrücke :
e. Gedächtnisstütze für Biologen u. Mediziner / von Gerolf Steiner. –
6. Aufl. – Stuttgart, New York : Fischer, 1980.
  (Gustav-Fischer-Taschenbücher)
  ISBN 3-437-30183-7

© Gustav Fischer Verlag · Stuttgart · 1980
Wollgrasweg 49, 7000 Stuttgart 70 (Hohenheim)
Alle Rechte vorbehalten
Druck: Offsetdruckerei Karl Grammlich, Pliezhausen
Einband: Großbuchbinderei Clemens Maier, Echterdingen
Printed in Germany

Vorbemerkungen

Wie bei den anderen Naturwissenschaften verwendet man in der Zoologie Fachausdrücke, in denen definierte Begriffe unmißverständlich und verbindlich festgelegt sind. Man hat sie deshalb größtenteils den beiden «toten» Sprachen, Latein und Griechisch, entnommen, bei denen sich die Bedeutung der Sprach-Elemente nicht mehr wandelt.

Wer nur mangelhaft Griechisch und Latein kann, erlernt die Fachausdrücke daher nur mit Mühe. Bei Kenntnis der häufigsten Bauelemente, aus denen sie sich zusammensetzen, wird solche Mühe indessen geringer.

Obwohl die 1947 zum erstenmal erschienene «Gedächtnisstütze» verständlicherweise das Grauen jedes philologisch Gebildeten erregen muß, hat sie sich für diesen Zweck bewährt. An der hier nun vorliegenden dritten Auflage wurde darum im Prinzip nichts geändert. Sie wurde nur gründlich durchgesehen, und die Zahl der Stichworte von ca. 600 auf 800 vermehrt.

Die im folgenden zusammengestellten griechischen und lateinischen Wortstämme, Vorsilben und Silbenkombinationen sind so ausgewählt, daß sie für die Überzahl der in der allgemeinen Zoologie vorkommenden Fachausdrücke ausreichen. Wort-Elemente, die der Gebildete aus gängigen Fremdwörtern kennt, wurden weitgehend weggelassen. Auf die Hunderttausende von Arten-Namen einzugehen, verbot die nötige Kürze; denn die Zusammenstellung soll so knapp sein, daß sie bequem ins Kollegheft gelegt werden kann und somit schnell zur Hand ist, wenn man sie braucht. Aus dem gleichen Grunde konnte philologische Genauigkeit nicht angestrebt werden. Die «Gedächtnisstütze» soll ja nur eine Notbrücke zum Verständnis der Fachsprache sein und kann fremdsprachliche Vorbildung nicht ersetzen. Zudem sind viele unserer Fachausdrücke sowohl grammatikalisch wie orthographisch sprachwidrige Gebilde, mit denen man sich abfinden und die man gedächtnisschonend erlernen muß. Die nun folgenden Sätze sind darum auch nur als grobe Faustregeln, nicht als philologisch exakte, grammatikalische Anweisungen aufzufassen:

Aus Wortstämmen, Vorsilben und Endungen setzen sich die Wörter, gewöhnlich unter Dazwischenschaltung von Verbindungsvokalen (meist -o- oder -i-) zusammen. Bei Substantiven können u. U. vor die Endung noch Verkleinerungssilben *(-ell-, -cell-, -in-, -ul-, -cul-)* eingefügt werden (z. B.: *cut-i-cul-a* = Häutchen). Bei Adjektiven, auch wenn sie als Substantive verwendet werden, finden sich vor der Endung u. U. noch Konjugations-Elemente (z. B.: *multi-tŭber-cul-ăt-us* = vielgehöckert). Die vor der Endsilbe eingefügte Silbe *-id-* bedeutet «ähnlich» (z. B.: *pteryg-o-id-es* = flügelähnlich). Hiermit nicht zu verwechseln ist die kurze Silbe *-id-*, die in der Systematik die Familienzugehörigkeit angibt (z. B. *Atyp-id-ae* = Familie, zu der Atypus gehört). Die häufigsten der (auch bei Wörtern griechischer Herkunft) benutzten lateinischen Endungen sind (Plural-Endungen in Klammer): *-us (-i), er (-eri* bzw. *-ri* bzw. *-erēs), -(t)or (-(t)ōrēs), -is (-ēs), -ns (-ntēs)*; weiblich: *-a (-ae), -(tr)ix (-(tr)icēs), -is (-ēs), -tas (-tātēs), -(t)io (-(t)iōnēs), -ns (-ntēs)*; sächlich: *-um (-a), -e (-ia), -ns (-ntia).-(t)or* und *(tr)ix* bedeuten etwas Handelndes, wie bei den lebenden romanischen Sprachen *-tore, -dor, -teur, -trice* (z. B.: *lev-ā-tor* = Heber; *na-trix* = Schwimmende). *-ns* bedeutet seiend oder tuend, entsprechend den romanischen *-nte, -nt. -tio* bedeutet eine Handlung (z. B.: *de-lāmin-ā-tio* = Abblätterung, Abschichtung) (Rezent: *-zione, -tion). -tas* bedeutet eine Eigenart, entsprechend wie bei rezent *-tate, -dad, -té, -ty* (z. B.: *duplic-i-tas* = Doppeltheit). In vielen Fällen sind Stamm und Endung verschmolzen (z. B.: *rādic-s → rādix*; *aspid-s → aspis*). Oder eine Endung fehlt oder scheint zu fehlen (z. B.: *vir*). Ausführlichere Auskunft für unseren Zweck gibt: CL. F. WERNER, Wort-Elemente lateinisch-griechischer Fachausdrücke in der Biologie, Zoologie und vergleichenden Anatomie. Akad. Verl. Ges. Geest u. Portig, Leipzig 1955 (395 S.).

Im allgemeinen benutzt man, wie gesagt, die lateinischen Endsilben auch bei Wörtern griechischer Herkunft, die meist in ihrer latinisierten Form geschrieben werden. Nur die griechische Endsilbe *-ĕs, -ēs, es* wird meist übernommen und ebenso die sächliche «Endung» *-ma* (Plural *-mata*) (z. B.: *os xiph-o-id-es. chrōm-o-sōma*). Bei der Latinisierung griechischer Wörter ergeben sich regelhafte Lautverschiebungen: *ai → ae, ei → i, oi → oe* oder *i, ou → u, k → c, -os → -us, -ē → a, -on → -um* (z. B.: *makro-pous → macropŭs, koil-ō-ma → coelōma*). In der folgenden

Zusammenstellung sind die griechischen Elemente schon latinisiert geschrieben.

Übereinkunftsgemäß **betont** man die mit vollen lateinischen oder griechischen Endungen gebrauchten Wörter auf lateinische Weise: Ist die vorletzte Silbe lang, wird sie betont; ist sie kurz, wird die drittletzte Silbe betont. Als lang gelten dabei auch Doppelvokale, außerdem Silben mit kurzem Vokal, die mit einem Doppelkonsonanten schließen (z. B.: *abdōmen, glándula, oncospháera, océllus*). Bei der Schreibweise von Artnamen in der LINNÉschen binären Nomenklatur wird der Gattungsname stets groß, der Artname (auch wenn er ein Eigenname ist!) stets klein geschrieben. Bei trinärer Nomenklatur wird auch der Name der Unterart klein geschrieben. Falls ein Autorenname genannt wird, schreibt man ihn mit großen Buchstaben (z. B.: *Sciurus vulgaris*; *Pipistrellus kuhli* NATTERER; *Anguis fragilis colchicus*).

Eingedeutscht benutzte Ausdrücke ergeben oft folgende Schwierigkeiten: 1. Schreibweise: Diese wird oft phonetisch dem Sprachgebrauch angeglichen: (Griechisch) *Kephalópoda* → *Cephalópoda* → (deutsch) *Zephalopóden*. 2. Betonung: Sie kann bleiben wie im Lateinischen, wird aber oft ebenfalls, einem jüngeren Sprachgebrauch entsprechend, verändert: *Lepidóptera* → *Lepidópteren* oder *Lepidoptēren*. Die letztgenannte Aussprache weise ist üblicher. Sie geht zurück auf französisch *Lépidoptères*. Auch die Dehnung des betonten *o* in *Zephalopóden* ist analog entstanden (hier aber erst im Deutschen). Die lateinische Betonungsweise ist aber stets zu rechtfertigen. 3. Pluralbildung: Einige lateinische Endungen werden üblicherweise auch im deutschen Text beibehalten, z. B. Die *Vēna revehens*; Plural: die *Vēnae revehentēs*. Der *Bulbus*; die *Bulbi*. Das *Corpus*; die *Corpora*. Andererseits: Das *Mitochondrium*, die *Mitochondrien*. Das *Gránulum*; die *Gránula* oder die *Gránulen*. Das *Chrōmonēma*; die *Chrōmonēmata* oder die *Chrōmonēmen*. 4. In deutschen Sätzen vermeidet man es am besten, andere Formen als die Nominative anzuwenden, falls man die lateinischen Endungen benutzt.

Für den Gebrauch des Heftes ist noch zu beachten: Griechische und lateinische **Wort-Teile** sind mit Bindestrich versehen; ihre deutsche Bedeutung ist durchweg klein geschrieben. **Ganze Wörter** sind ohne Bindestrich; ihre deutsche Bedeutung ist durchweg groß geschrieben. **Lange Vokale** tragen **Dehnungszeichen** (z. B. $\bar{u}$). **Doppelvokale** sind als lang, unbezeichnete andere Vokale als kurz aufzufassen. Die Abgrenzung der griechischen und lateinischen Wort-Elemente und ihrer deutschen Bedeutungen ist willkürlich und nicht nach grammatikalischen, sondern nach rein praktischen Gesichtspunkten erfolgt.

Heidelberg, im April 1962
                    GEROLF STEINER
                    Zoologisches Institut der Universität

Vorwort zur fünften Auflage

Daß wiederum eine Neuauflage der «Wort-Elemente» nötig geworden ist, erweist ihre Brauchbarkeit. Am bewährten Inhalt wurde nichts geändert. Das neue Format mit der übersichtlicheren Anordnung des Drucks soll es dem Benützer ermöglichen, für ihn wesentliche Zusätze einzutragen.

Karlsruhe, im Juni 1973   GEROLF STEINER

A

a(n)- gr. ohne, un
ab- l. weg, von
abdōmen l. Bauch
abdomin l. bauch
abomāsus l. Labmagen
abyss- gr. abgrund
acanth- gr. dorn
acarus gr. l. Milbe
access- l. zugang, zusatz
acetābulum l. Schälchen
acin- l. traube
acmē gr. Gipfel
acr- gr. gipfel
actin- gr. strahl
acu- l. spitz
acu(st)- gr. hör
acūt- l. spitz
ad- l. hinzu
adē(n)- gr. genug
adēn- gr. drüse
adip- l. fett
adolesc- l. heranwachs
adult- l. herangewachsen
aequ- l. gleich
aema(t)- = *haema(t)* gr. blut
aēr- gr. l. luft
aesthēt- gr. empfind
ag- l. treib, tu
agōn- gr. kampf, anstrengung
āla l. Flügel
aleur- gr. mehl(staub)
ali- l. anderer
ali- gr. zurückgezogen
all- gr. anderer
allēl- gr. gegenseitig, auf Gegenseitigkeit beruhend
alveol- l. kleine mulde, höhlung
ambly- gr. stumpf, schlaff

ambulacrum l. Allee
amm- gr. sand
amnion gr. Innere Embryonalhülle
amoeb- gr. wechsel
amphi- gr. rings herum
ān- l. after, ring
ana- gr. hinauf, entsprechend
ancyl- gr. krumm
andr- gr. mann
anem- gr. wind
angul- l. winkel
annel- (statt *ānell-*) l. ringel
anterior l. Vorderer
anth- gr. blume
anthrōp- gr. mensch
anti- gr. gegen
anticus l. = *anterior*
ānus l. After
apert- l. offen
apex l. Scheitel, Spitze
apic- l. scheitel, spitze
apo- gr. von, weg
append- l. anhang
aps- gr. bogen
apt- l. tauglich, passend
apt- gr. = *hapt-* haft
ara(ch)n- gr. spinne
arch- gr. anfang, zuerstkomm, anführ, ober
archae- gr. uralt
arct- gr. nord
arctos gr. Bär
arcu- l. bogen
arrhen- gr. mann
arthr- gr. gelenk
arti- gr. unversehrt, paarig
articul l. gelenk
arytaen- gr. löffel, kelle
asc- gr. schlauch

ascendens l. Aufsteigend
aspid- gr. schild
ast(e)r- gr. u. l. stern
ātri- l. vorhof
auris l. Ohr
aurum l. Gold
audi- l. hör
auto- gr. selbst
aux- l. vermehr
auxil- l. helf
av(i)- l. vogel
ax- l. achse
axill- l. achsel

B

bacill- l. stäbchen
baktēr- gr. stäbchen
bas- gr. grund (räumlich)
bat- gr. schreit
bath- gr. tief
batrach- gr. frosch
bdell- gr. saug, blutegel
benth- gr. tief
bili- l. galle
bi(n)- l. doppel
bio(t)- gr. leb
blast- gr. keim
blephar- gr. wimper
bothr- gr. grube
botry- gr. traube
brachi gr. u. l. arm
brachy- gr. kurz
brady- gr. träge
branchi- gr. kieme
brevi- l. kurz
bry- gr. moos
bucc- l. backen, wangen
bulbus l. Zwiebel, Knolle

bulla l. Blase
bursa l. Tasche

C

caec- l. blind
caen- gr. neu
cal(l)- gr. schön
call- l. schwiele, harte haut
calypt- gr. hüll
camp(t) gr. krumm
cardi- gr. herz, magenmund
carin- l. kiel
carn- l. fleisch
carōtis gr. Halsschlagader
carp- gr. frucht, handwurzel
cartilāgo l. Knorpel
cary- gr. kern
cata- gr. hinab
cathar- gr. rein
caud- l. schwanz
caul- l. stengel
cav- l. hohl
cephal- gr. kopf
-ceps l. kopf
cĕra l. Wachs
cerat- gr. horn
cerc- gr. schwanz
cerebr- l. hirn
cervic- l. hals
cess- l. tret
cest- gr. band, gürtel
chaet- gr. borste
chēl- gr. klaue, scherenbein
chelōn- gr. schildkröte
chely- gr. schildkröte
schiasma gr. Kreuzung
chil- gr. lippe
chili- gr. tausend

chir- gr. hand
chlōr- gr. grün(gelb)
choan- gr. trichter
chol- gr. galle
chondr- gr. knorpel, körnchen
chōr- gr. ort
chorion gr. Haut, Leder, Äußere Embryonalhülle
chrōm(at)- gr. farbe
chrȳs- gr. gold
chthon- gr. erd, boden
chȳl- gr. saft
chȳm- gr. saft
cili- l. wimper
circum- l. um, herum
cirr- l. ranke
cis- l. diesseits
cis- l. schneid
clad- gr. stamm, spross, zweig
clāv- l. keule, nagel, schlüssel
clāvicula l. Schlüsselbein
cleid- gr. schlüsselbein
cloāc- l. abzugskanal
cnid- gr. nessel
cocc- gr. beer
cochle- gr. schneck
coec- l. blind
coel- gr. hohl
coen- gr. gemeinsam
coet- gr. lager
col- l. bewohn
cole- gr. scheide, flügeldecke
colla gr. Leim
collis l. Hügel
collum l. Hals
cōlon gr. Enddarm
comma(t)- gr. abschnitt
co(n)- l. zusammen mit
cōn- gr. kegel
conch- gr. muschel

connect- l. binde
cop- gr. schlag
copr- gr. mist
corac- gr. raben
cord- l. herz
corium l. Haut, Leder
cornu- l. horn, *cornu* l. Horn
corpor- l. körper
corpus l. Körper
cortex l. Rinde
cortic- l. rinde
costa l. Rippe
cotyl- gr. saugnapf
coxa l. Hüfte
cräni- gr. schädel
creas gr. Fleisch
crib- l. sieb
crīn- l. haar
crīn- gr. scheid, trenn
crista l. Leiste, Kamm
cross- gr. quaste
crur- l. schenkel
crust- l. krust, schal
crypt- gr. verberg
cten- gr. kamm
cuspid- l. spitze, stachel
cut- l. haut
cyst- gr. blase
cyt- gr. zell

D

dactyl- gr. finger
dē(s)- l. weg, ab, abwärts
deca gr. Zehn (10)
decem l. Zehn (10)
dēl- gr. offenbar
dēle- l. vernicht
delph(y)- gr. gebärmutter

dendr- gr. baum
dens l. Zahn
dent- l. zahn
dēr- gr. langdauernd
derm(at)- gr. haut
descendens l. Absteigend
desm- gr. bind
deut(er)- gr. zweit
dexi- gr. dextr. l. rechts
di- gr. zwei
dia- gr. zwischen, hindurch, durch
dicho- gr. zweigespalten
digit- l. finger
din- gr. schreck
dĭn- gr. strudel
dipl gr. zweifach
dir- gr. hals
dis- l. auseinander
disc- gr. scheibe
dolich- gr. lang
dom- l. haus
dors- l. rücken (hinterseite)
drom- gr. lauf
ductus l. Gang
duplex l. Doppelt
duplic- l. doppelt
dys- gr. widrig, miß

E

ē- l. aus
ec- gr. aus
echin- gr. (see)igel
echthr- gr. feindselig
ecto- gr. außen
edaph- gr. erdboden
edūl- l. eßbar
en- gr. hinein

enchȳm(at)- gr. füll(gewebe)
endo- gr. innen
enter- gr. eingeweide
ento- gr. innen
ep(i)- gr. auf
erg- gr. arbeit
erythr gr. rot
ethm- gr. sieb
eu- gr. gut, echt
eury- gr. breit, weit
ex- l. aus
exō- gr. außen, hinaus
exter(n)- l. außen

F
faci- l. gesicht
fasci- l. band, binde
fasciculus l. Bündel
femor- l. oberschenkel
femur l. (neutr.!) Oberschenkel
fer- l. trag
-fex l. macher
fibr- l. faser
fibul- l. spange
fibula l. Wadenbein
fil- l. faden
fili- l. kind
fiss- l. gespalten
flagell- l. geißel
foli- l. blatt
folliculus l. Schlauch, Blase, Sack
forämen l. Öffnung, Loch
front- l. stirn
fung- l. pilz
furc- l. gabel

G
gae- gr. erd

gam- gr. heirat, begatt
gan- gr. glanz, schmelz
ganglion gr. Nervenknoten
gast(e)r gr. bauch
gē- gr. erd
germin- l. zwilling
gen- gr. u. l. (er)zeug
genu l. Knie
ger- l. trag, hervorbring
gemin- l. zwilling
glandula l. Drüse
gli- gr. leim
gloe- gr. leim
glom(er) l. knäuel
glomus l. (neutr.!) Knäuel
gloss- (glott-) gr. Zunge
glūtin- l. leim
gnath- gr. kiefer, kinnbacken
gon- gr. (er)zeug
grad(i)- l. schreit
grān- l. korn
gramm- gr. schrift
graph- gr. schreib
greg- l. schar, herde
gress- l. schreit
gymn- gr. nackt
gyn- gr. weib

H
habitus l. Haltung, äußere Erscheinung
habitat (l.) Wohngebiet
(h)aem- gr. blut
hal- gr. salz
hallux l. Große Zehe
hapl- gr. einfach
(h)apt- gr. haft
haust- l. schöpf

hēlios gr. Sonne
helminth- gr. wurm
hēmi- gr. halb
hēpat- gr. leber
hepta- gr. sieben (7)
heter- gr. andersartig
hexa- gr. sechs (6)
hipp- gr. pferd
hist- gr. gewebe
hol- gr. ganz
hom- gr. gleich, ähnlich, gemeinsam
homal- gr. gleich, eben, glatt
homin- l. mensch
homo l. Mensch
homoi- gr. ähnlich, gleichartig
hopl- gr. waffe
horm- gr. antreib
humerus l. Oberarmknochen
hyal- gr. glas
hydat- gr. wasser
hydr- gr. wasser
hygr- gr. feucht, naß
hyl- gr. wald
hymen- gr. haut
hyper- gr. über
hyperōa gr. Gaumen
hypo- gr. unter
hyps- gr. hoch

I

iacul- l. werf
ichth- gr. fisch
idi- gr. eigen
-id(ēs) gr. ähnlich
ili- l. eingeweide
in- l. 1. darin, hinein, 2 un-, ohne
infra- l. unterhalb

inter- l. zwischen
intern- l. innerlich
intestin- l. eingeweide
intra- l. innerhalb
is- gr. gleichgroß, gleichviel
is-chi- gr. hüftgelenk
iug- l. joch, zusammenspann
iugul- l. kehl

K

k: meist unter c!
kin- gr. beweg
klon- gr. schüttel
klōn (kelt.) Erbgleicher Zuchtstamm
kole- gr. scheide, hülle, flügeldecke

L

labium l. Lippe (Ins : untere)
labrum l. Lippe (Ins : obere)
lacūna l. Höhlung, Lücke
lae- gr. links
laevis l. Glatt
laevus l. Links
lag(o)ēna l. Flasche
lām(in)- l. platte
later- l. seite
latus l. Breit
lecith- gr. dotter
lepid- gr. schuppe
lept- gr. leicht, dünn
leuc- gr. weiß
lev- l. leicht, hochheb
ligāmentum l. Band
lim- l. schlamm
limn- gr. see, sumpf
lip- gr. fett
lit- gr. glatt

lith- gr. stein
lit(t)or- l. ufer, strand
lob- gr. lappen
loph- gr. schopf
lōric- l. panzer
lox- gr. schief, krumm
lūc- l. licht
lumb- l. lende
lūte- l. gelb
ly(t)- gr. lös

M

macr- gr. groß, lang
macul- l. fleck
malac- gr. weich
mall- gr. wolle
malleus l. Hammer
mamma gr. u. l. Milchdrüse, Zitze
mandibula l. Kinnbacke
margin- l. rand
marsūpium gr. u. l. Beutel
mast- gr. brustwarze
mastig- gr. geißel
māt(e)r- l. mutter, ursprung
maxilla l. Kiefer, Kinnbacke
medi- l. mitte
medull- l. mark
mega(l)- gr. groß
mei- gr. weniger
mela(n)- gr. schwarz
men- gr. bleib
mēn- gr. monat
mēnisc- gr. halbmond
mentum l. Kinn
mer- gr. teil
mes- gr. mitte
meta- gr. nach (bezeichnet auch Veränderung)

metabol- gr. verwandel
mi- gr. weniger
micr- gr. klein
mict- gr. misch
mim- gr. nachahm
mit- gr. faden
mix- gr. misch
mnēm- gr. gedächtnis
mola l. Mühlstein
mōles l. Masse
moll- l. weich
mon- gr. einzeln
mōr- gr. maulbeer, brombeer
morph- gr. gestalt
mūc- l. schleim
mult- l. viel
muscul- l. muskel, mäuslein
mūta- l. änder
my- gr. maus, muskel
mycēt- gr. pilz
myel- gr. mark
myia gr. Fliege
myria- gr. unzählig viel
mȳs gr. Maus
myx- gr. schleim
myz- gr. saug

N

nann- gr. zwerg
na(ta)- l. schwimm
ne- gr. neu
necr- gr. tot
nēct- gr. schwimm
nect- l. knüpf
nēma(t)- gr. faden
nephr- gr. niere
neur- gr. nerv
nig(e)r- l. schwarz

noct- l. nacht
nom- gr. regel, gesetz
not- gr. rücken (hinterseite)
novem l. neun (9)
nucle- l. kern
nūtri- l. ernähr
nyct- gr. nacht

O

ō- gr. ei
obliquus l. Schräg
occipit- l. hinterhaupt
occiput l. Hinterhaupt
ocell- l. äuglein
octō- gr. u. l. acht (8)
ocul- l. auge
odont- gr. zahn
odūs gr. Zahn
oec- gr. behausung
oesophagus l. Speiseröhre
oestr.- gr. brunst
olfac- l. riech
olig- gr. wenig
ōm- gr. schulter
-ōm (gr.) geschwulst
omāsus l. Blättermagen
omma(t)- gr. auge
omn- l. all, ganz
onc- gr. haken
ont- gr. seiend
onych- gr. kralle
ōon gr. Ei
op- gr. auge
opercul- l. deckel
ophi- gr. schlange
opistho- gr. hinten
opt- gr. seh
ōr- l. mund

orb- l. kreis
ordi- l. beginn
ōrificium l. Mündung
orth- gr. gerade
ōs l. Mund
os l. Knochen, Bein
osm- gr. riech (trans. u. intrans.)
osphr. gr. riech, witter
oss- l. knochen
oste- gr. knochen
ostium l. Mündung
ostrac- gr. schale
ōt- gr. gehör
ōv- l. ei
ōvum l. Ei
oxy- gr. scharf, spitz

P

pachy- gr. dick
paed- gr. kind
palae- gr. alt
palāt- l. gaumen
palin- gr. wieder
pallium l. Mantel
palm- l. hand
palpus l. Taster
pan(t)- gr. ganz, all
-par l. gleich
pär- l. gebär
para- gr. neben
pariet- l. wand
parthen- gr. jungfer
path- gr. leiden, eindruck empfangen
pectēn gr. Kamm
ped- l. fuß
pēl- gr. ton, schlamm
pelag- gr. freies wasser, hochsee

penna l. (Flug-)Feder
penta- gr. fünf
per- l. durch
pēra gr. Ranzen, Tasche
peri gr. ringsherum
pēs l. Fuß
periss- gr. ungeradzahlig
petr- gr. stein
phaen- gr. erschein
phag- gr. ess
phalang- gr. gelenk, finger-, zehenglied
phan- gr. erschein
pharyng- gr. schlund
pher- gr. trag
phil- gr. lieben, schätzen
phleb- gr. ader
phob- gr. furcht, flucht
phor- gr. trag
phōt- gr. licht
phragm(at)- gr. zaun, trennwand
phy- gr. wuchs, erzeugung
phȳl- gr. stamm, abstammung
phyll- gr. blatt
phȳsa gr. Blase
physis gr. Natur, Wuchs
phyt- gr. pflanze
pin- gr. trink
pinn- l. schwungfeder, flügel, flosse
pinus l. Kiefer(baum)
plac- gr. blättrig, platte, flach
placenta l. Kuchen
plagi- gr. schief, quer
plān- l. eben
planct(on)- gr. umhertreib
plasma(t)- gr. gebilde
plast- gr. gebilde
plat(y)- gr. breit, flächig
plec- gr. flecht

pleur- gr. seite
plexus l. Geflecht
plica l. Falte
plūma l. (Flaum-)Feder
pneu(m(a(t)- gr. atem, hauch
pno- gr. atem, hauch
pod- gr. fuß
pollex l. Daumen
poly- gr. viel
porus gr. Loch
post- l. nach, hinter
posterior l. Hinterer
potam- gr. fluß
prae- l. vor, vorher
pro- gr. u. l. vor
proboscis gr. Rüssel
pröct- gr. mastdarm, after
pröl- l. sprößling
proprio- l. eigen
prosō- gr. nach vorn
prōt- gr. erste
psamm- gr. sand
pseud- gr. falsch, unecht, trug
psȳch- gr. seele
psychr- gr. kalt
pter(yg)- gr. flügel, flosse
ptern- gr. ferse
ptil- gr. flaumfeder, flügel, blatt
pūb- l. scham, geschlechtsreif
pulmo(n) l. lunge
pūs gr. Fuß
pycn- gr. gedrungen, fest, derb
pȳg- gr. steiß, after
pylē gr. Pforte
pylōrus gr. Pförtner
pyr- gr. feuer
pȳrēn gr. Kern

Q

quadr- l. vier
quart- l. viert
quinqu- l. fünf
quint- l. fünft

R

rād- l. schab
radi- l. stab, speiche, strahl
rādic- l. wurzel
rāmus l. Zweig
re- l. zurück
rect- l. 1. gerade, 2. mastdarm
rēn- l. niere
rēp- l. kriech
rept- l. kriech
rēt- l. netz
retro- l. rückwärts
rhabd- gr. stab, stift
rhaphē gr. Naht
rhe- gr. fließ
rhin- gr. nase
rhiz- gr. wurzel
rhod- gr. rose, rosenrot
rhopal- gr. keule
rhynch- gr. rüssel
rōd- l. nag
rostrum l. Schnauze, Schnabel, Spitze
rot- l. rad
ruber l. Rot
rub(e)r- l. rot
rūmen (l.) Pansen
rūmin- l. wiederkäu

S

sagitta l. Pfeil
sangui(n)- l. blut

sapr- gr. faul, moderig
sarc- gr. fleisch
saur- gr. eidechse
scaph- gr. kahn
scapul- l. schulter(blatt)
scapus l. Schaft
scend- l. steig
s-chiz- gr. spalt
sclēr- gr. hart
scōlēc- gr. wurm
scop- gr. beobacht
scūtum l. Schild
scyph- gr. becher
sē- l. aus, weg
sed- l. sitz
sĕmi- l. halb
sĕp(t)- (l.) trenn
septem- l. sieben (7)
serr- l. säg
sess- l. sitz
sēta l. Borste
sex- l. sechs
sexu- l. geschlecht
sinist(e)r- l. link
sinus l. Bucht
siphō(n) gr. Schlauch, Röhre
sit- gr. speise
situs l. Lage
sōlēn gr. Rinne, Röhre
sōm(a(t)- gr. körper
spasm- gr. krampf
sperm(at)- gr. samen
sphaer- gr. kugel
sphēn- gr. keil
sphincter gr. Schließmuskel
spiculum l. Stachel, Spitze
spina l. Dorn
spinal- l. rückgrat
spir- gr. windung, wickel
spir- l. atem

splanchn- gr. eingeweide
spondyl- gr. wirbel
spongi- gr. schwamm
squām- l. schuppe
stalt- gr. zusammenzieh
stat- gr. u. l. steh
steg- gr. deck, dach
sten- gr. eng
stere- gr. steif
sternum l. Brustbein
sterr- gr. steif
stigm(at)- gr. stich, punkt, fleck
stolō(n) l. Wurzelsproß
stom(a(t)- gr. mund, mündung
strātum l. Schicht
streps-, strept- gr. dreh, wend
stri- l. riefe, rinne
strobil- gr. wirbel, tannenzapfen
stÿl- gr. stengel, pfeiler
sub- l. unter
subit- l. plötzlich, sofort
sulc- l. furche
super- l. über
supra- l. über
symplec- gr. verbind
syn- gr. zusammen

T

tach(y)- gr. schnell
tact- gr. stell, ordn
tact- l. berührt
taeni- gr. band
tang- l. berührt
tars- gr. fuß
tax- gr. stell, ordn
tectum l. Dach
teg- l. deck
tēla l. Gewebe

tel- gr. end, zweck
tele- gr. fern
tentacul- l. fühler
tetan- gr. spann, zuck
tetra- gr. vier
thalam- gr. gemach, raum
thalass-, thalatt- gr. meer
thēc- gr. schachtel, ablage
-thēl gr. haut
thēly- gr. weiblich, säug
thēr(i)- gr. (säuge)tier
thēs-, thēt- gr. setz, stell
thig-, thix- gr. berühr
thōrac- gr. brustkorb, brustpanzer
thrix gr. Haar
thysan- gr. franse
tibia l. Schienbein
tok- gr. gebär
tom- gr. schneid, abschnitt
ton- gr. spann
top- gr. ort, *top(os)* (m.!) Ort
tox- gr. bogen, pfeil (pfeil)gift
trachea gr. Luftröhre
trach(y)- gr. rauh, starr
tractus l. Strang, Zug
trans- l. über, jenseits
trēm- gr. loch
trēt- gr. durchlocht
tri- gr. drei
tribus (fem.!) l. Volksstamm
trich- gr. haar
trit- gr. dritt
trit- l. gerieben
troch- gr. rad, kreisel, reifen
trochl. gr. l. wind, dreh
trop- gr. wend, richtung
troph- gr. ernähr
truncus l. Stamm, Strunk
tub- l. röhre, trompete
tūber l. Knolle

tunica l. Mantel
turb- l. wirbel, strudel, trübung
turg- l. schwell, quell
tympan- gr. pauke
typhl- gr. blind

U

ubique l. Überall
uln- l. elle
umbrella (l.) Schirm
umbilic- gr. l. nabel
ungul- l. klaue, huf
ūra gr. Schwanz
ūrina l. Harn
ūron gr. Harn
uterus l. Gebärmutter
ūtriculus l. Schläuchlein

V

vacu- l. leer
vag- l. umherstreif
vāgina l. Scheide
val- l. wert, wirk
valv- l. klappe, doppeltür
vās l. Gefäß
veh- l. führ, fahr
vēlum l. 1. Segel, 2. Vorhang
vent(e)r- l. bauch
verm- l. wurm
vers-, vert- l. wend
vertebra l. Wirbel d. Wirbelsäule
vēsica l. Blase
vir l. Mann
vir- l. kraft, männlichkeit
virid- l. grün
vis l. Kraft
viscer- l. eingeweide

vit- l. leben
vitell- l. dotter
vitre- l. glas
vīv- l. lebendig
vol- l. flieg
volv- l. wälz
volūt- l. gewälzt
vŏmer l. Pflugschar
vor- l. schling, fress
vortic- l. strudel, wirbel, scheitel
vulgāris l. Gemein, Verbreitet

X

xanth- gr. gelb, blond
xen- gr. fremd
xer- gr. trocken
xiph- gr. schwert
xyl- gr. holz

Z

zeug- gr. joch, zusammenspann
zō- gr. tier, leben
zōn- gr. gürtel
zyg- gr. joch, zusammenspann
zȳm- gr. gär

Weitere Titel – Eine Auswahl –

Kämpfe
Evolution und Stammesgeschichte der Organismen
1980, 411 S., 131 Abb., 12 Tab., Tb.
DM 28,-

Lindauer
Verständigung im Bienenstaat
1975. VIII, 163 S., 83 Abb., Tb.
DM 14,80

Herre/Röhrs
Haustiere – zoologisch gesehen
1973. VIII, 240 S., 46 Abb., Tb.
DM 12,80

Reichenbach-Klinke
Grundzüge der Fischkunde
1970. VI, 120 S., 96 Abb., Tb. 9,80

Remane
Sozialleben der Tiere
3., neubearb. u. erg. Aufl., 1976.
VIII, 197 S., 22 Abb., Tb. DM 12,–

Schmidt-Nielsen
Physiologische Funktionen bei Tieren
1975. VIII, 124 S., 55 Abb., Tb.
DM 11,–

Frädrich/Frädrich
Zooführer Säugetiere
1973. XVI, 304 S., 113 Verbreitungskarten, Tb. DM 14,80

Brauns
Taschenbuch der Waldinsekten
Grundriß einer terrestrischen Bestandes- und Standort-Entomologie
Band I: Systematik und Ökologie
Band II: Ökologische Freiland-Differentialdiagnose – Bildteil
3., bearb. Aufl., 1976. XXVI, 817 S., 947 Abb., davon 111 Abb. auf 16 Farbtafeln, Tb. cplt. DM 38,–

Jacobs/Renner
Taschenlexikon zur Biologie der Insekten
Mit besonderer Berücksichtigung mitteleuropäischer Arten
1974. VIII, 635 S., 1145 Abb., Tb.
DM 38,–
(Als Leinenausgabe DM 58,–)

Spiegel
Versuchstiere
Eine Einführung in die Grundlagen ihrer Zucht und Haltung
1976. VIII, 97 S., 4 Abb., Tb.
DM 12,80

**Gustav Fischer Verlag
Stuttgart · New York**